COURS

PROFESSÉS

A L'ÉCOLE DES MINES DE PARIS

PAR

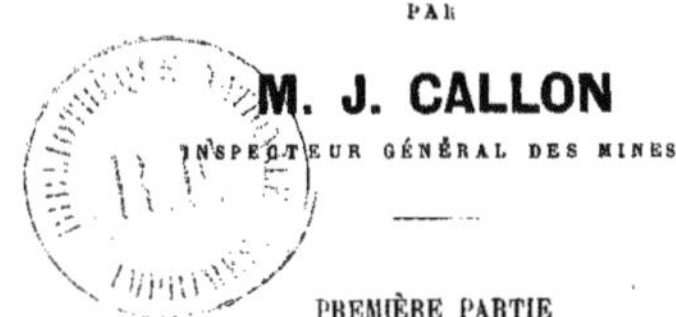

M. J. CALLON

INSPECTEUR GÉNÉRAL DES MINES

PREMIÈRE PARTIE

COURS DE MACHINES

TOME TROISIÈME

Publié, d'après les notes et sur le plan de M. J. Callon

PAR

M. E. BOUTAN

INGÉNIEUR DES MINES

ATLAS

PARIS

DUNOD, ÉDITEUR

LIBRAIRE DES CORPS DES PONTS ET CHAUSSÉES ET DES MINES

49, QUAI DES AUGUSTINS, 49

1877

PARIS — TYPOGRAPHIE LAHURE
Rue de Fleurus, 9

COURS DE MACHINES

TABLE DES FIGURES

CONTENUES DANS LES PLANCHES

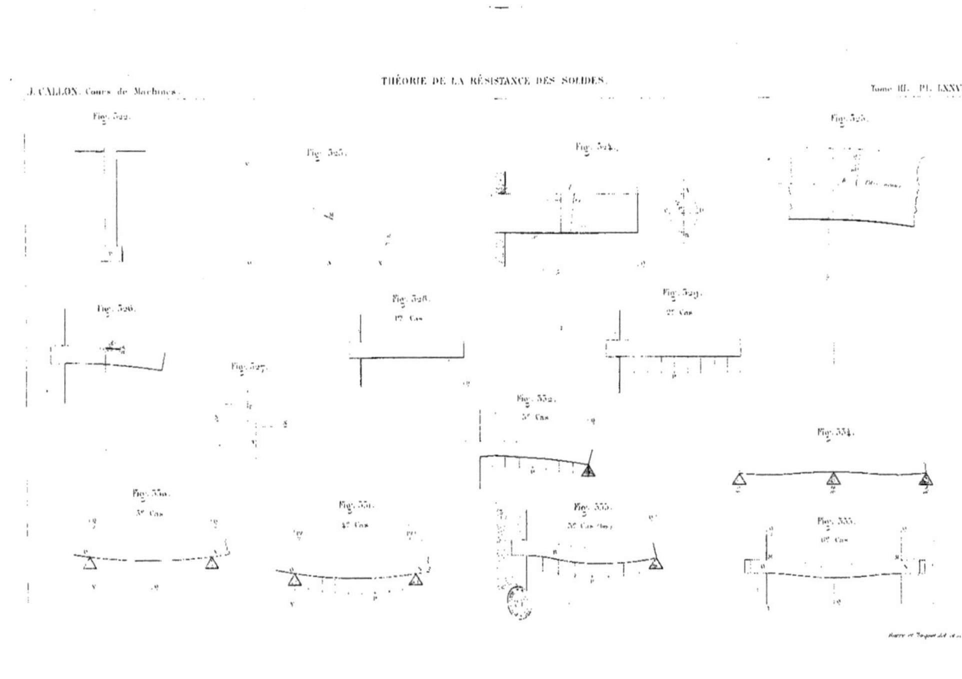
J. CALLON. Cours de Machines.
THÉORIE DE LA RÉSISTANCE DES SOLIDES.
Tome III. Pl. LXXV.
Fig. 522.
Fig. 523.
Fig. 524.
Fig. 525.
Fig. 526.
Fig. 527.
Fig. 528.
1er Cas
Fig. 529.
2e Cas
Fig. 532.
3e Cas
Fig. 534.
Fig. 530.
3e Cas
Fig. 531.
4e Cas
Fig. 533.
5e Cas (bis)
Fig. 535.
6e Cas

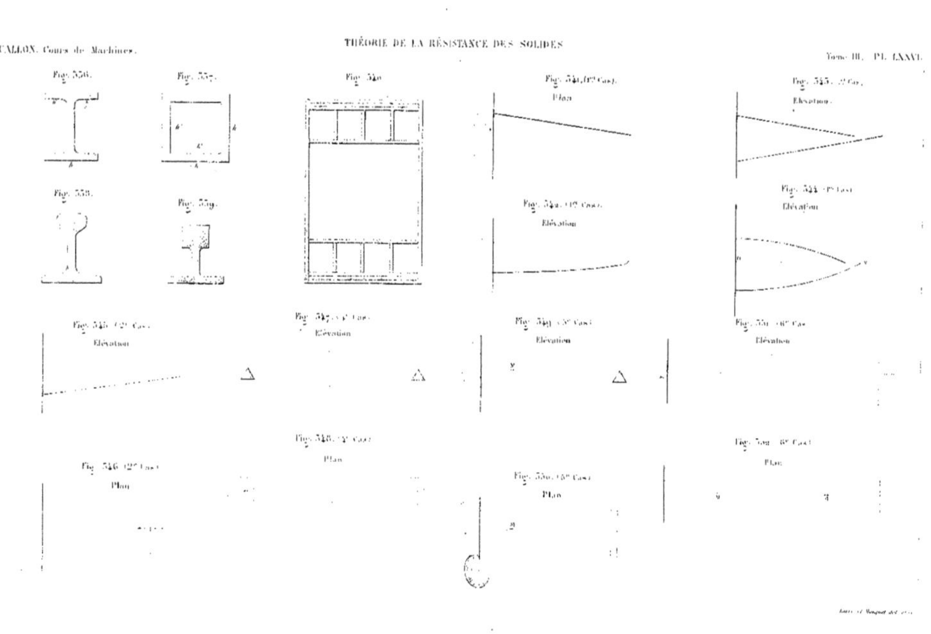

J. CALLON. Cours de Machines.
THÉORIE DE LA RÉSISTANCE DES SOLIDES
Tome III. Pl. LXXVI.
Fig. 536.
Fig. 537.
Fig. 538.
Fig. 539.
Fig. 540
Fig. 541. (1er Cas).
Plan
Fig. 542. (1er Cas).
Élévation
Fig. 543. (2e Cas).
Élévation.
Fig. 544. (1er Cas).
Élévation
Fig. 545. (2e Cas).
Élévation
Fig. 546. (2e Cas).
Plan
Fig. 547. (4e Cas).
Élévation
Fig. 548. (4e Cas).
Plan
Fig. 549. (5e Cas).
Élévation
Fig. 550. (5e Cas).
Plan
Fig. 551. (6e Cas).
Élévation
Fig. 552. (6e Cas).
Plan

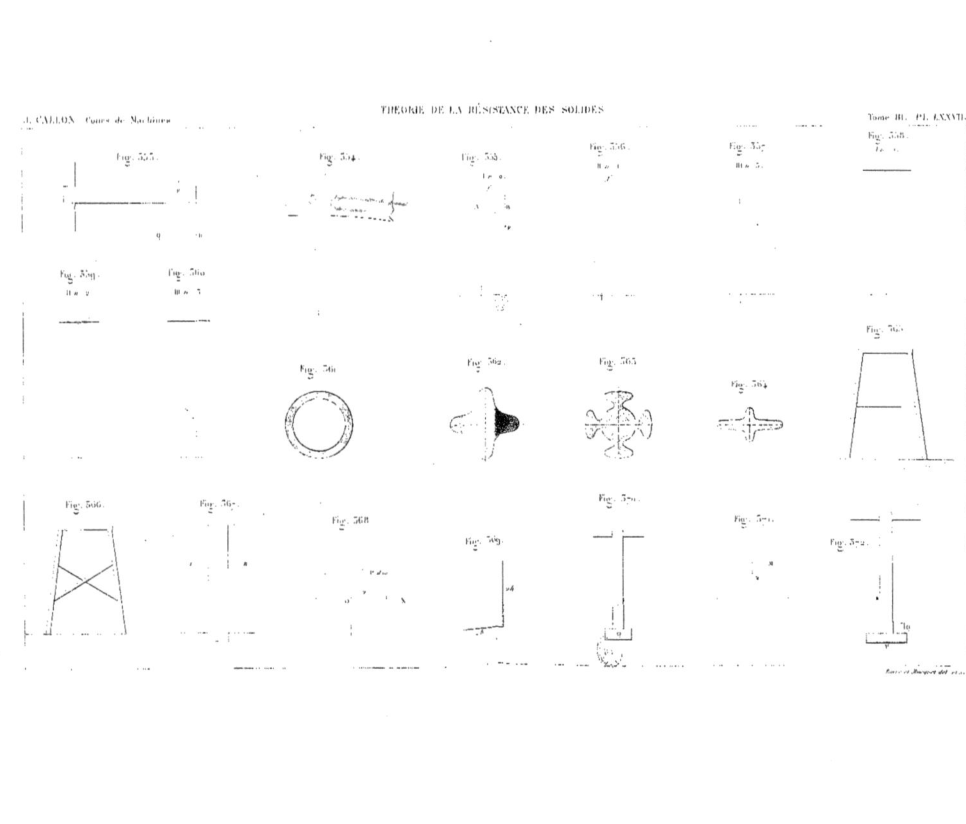

THÉORIE DE LA RÉSISTANCE DES SOLIDES
J. CALLON. Cours de Machines
Tome III. Pl. LXXVII.

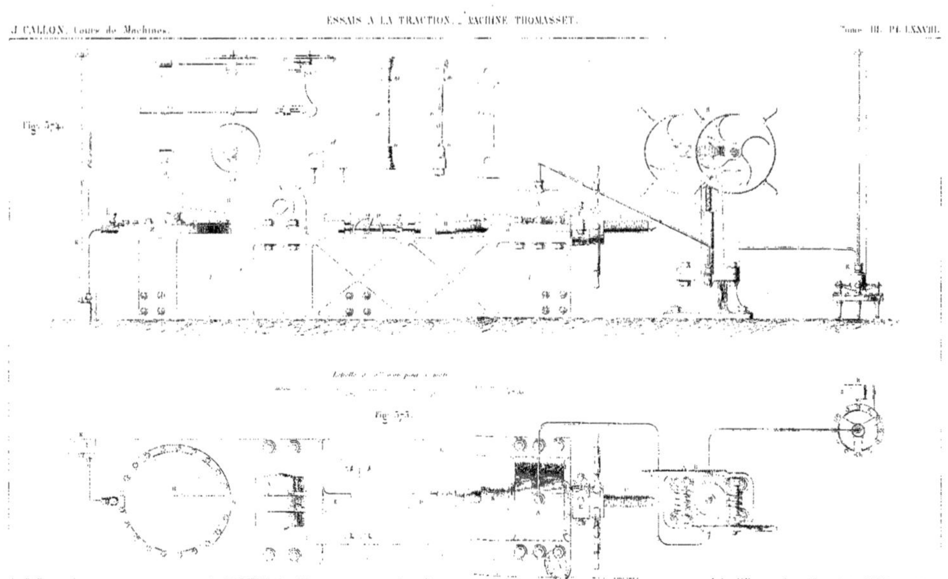
Fig. 574.
Fig. 575.

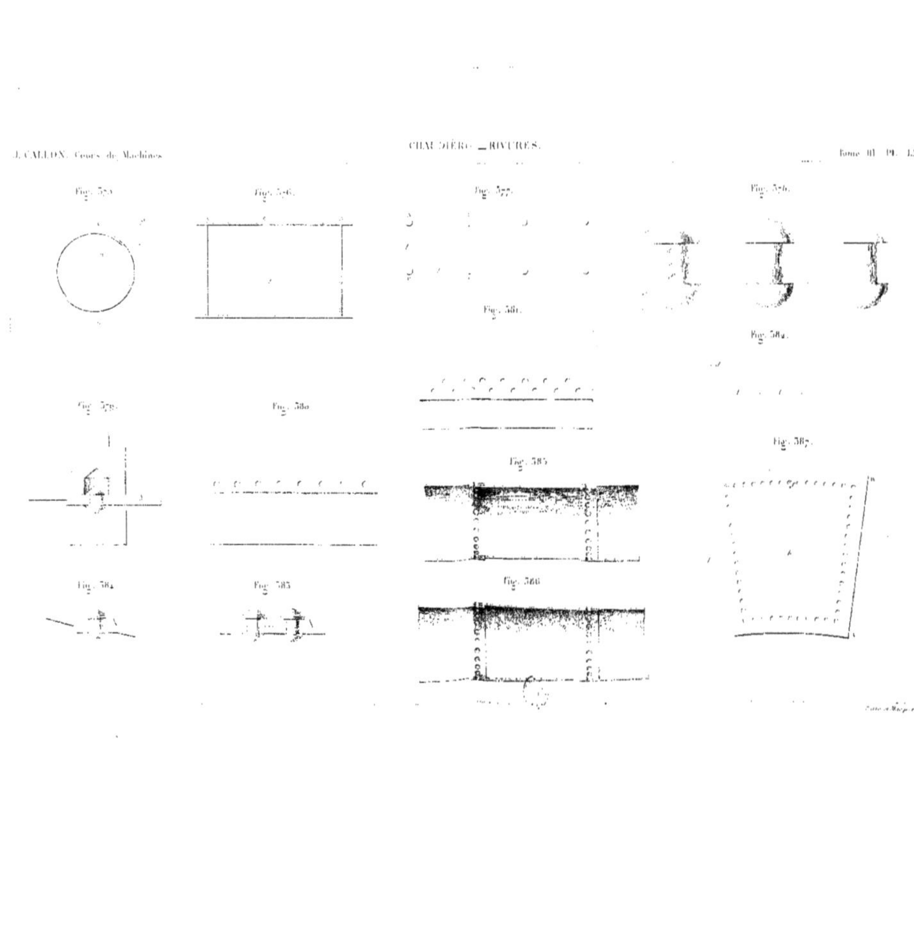
J. CALLON. Cours de Machines
CHAUDIÈRES — RIVURES.
Tome III. Pl. LXXIX.
Fig. 581.
Fig. 582.
Fig. 580.
Fig. 587.
Fig. 585.
Fig. 584.
Fig. 583.
Fig. 586.

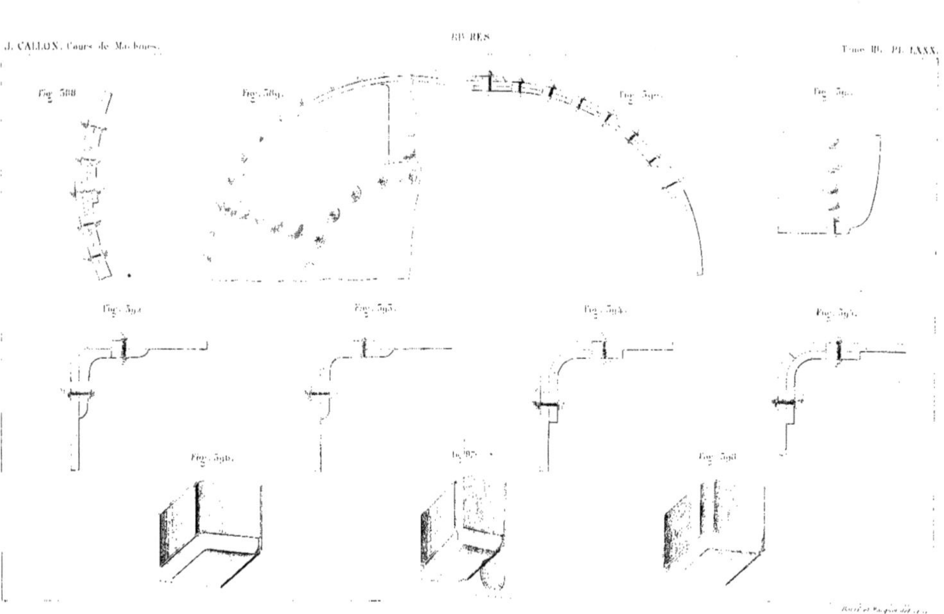
J. CALLON, Cours de Machines.
Fig. 588

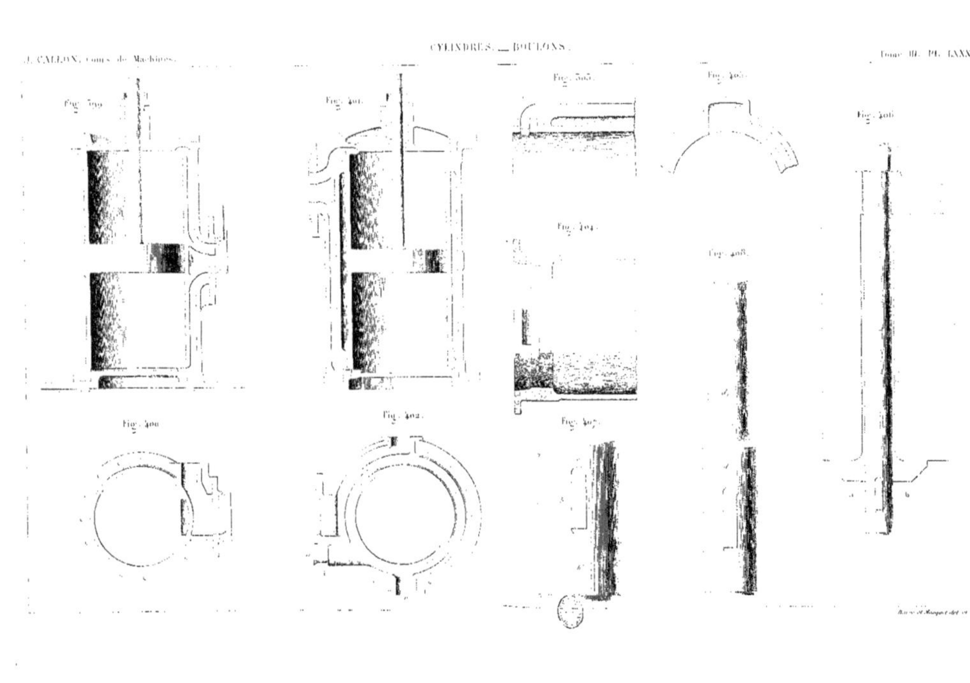
J. CALLON, Cours de Machines.
CYLINDRES. _ BOULONS.
Tome III. Pl. LXXXI.
Fig. 399.
Fig. 401.
Fig. 403.
Fig. 405.
Fig. 406.
Fig. 404.
Fig. 408.
Fig. 400.
Fig. 402.
Fig. 407.

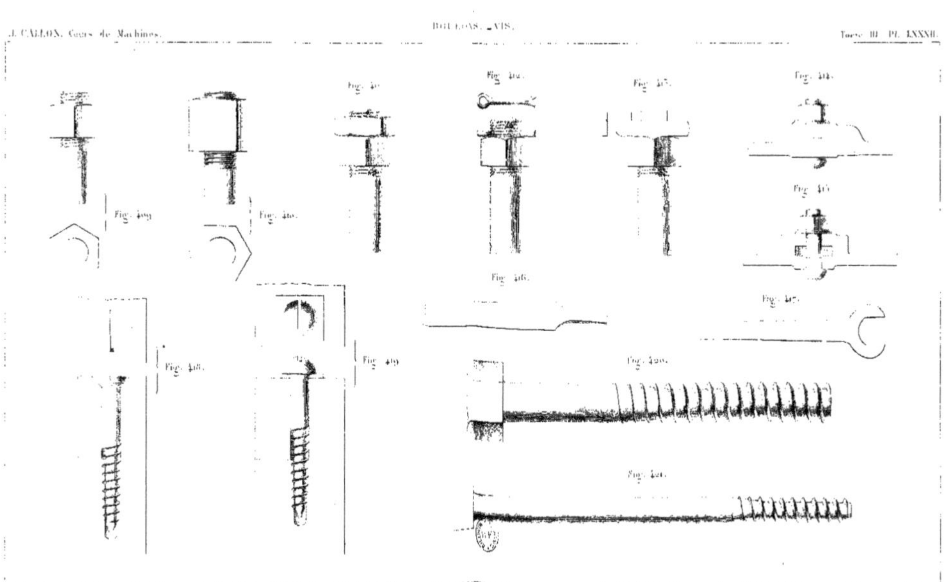
J. CALLON, Cours de Machines.
BOULONS, VIS.
Tome III. Pl. LXXXII.
Fig. 409
Fig. 410
Fig. 411
Fig. 412
Fig. 413
Fig. 414
Fig. 415
Fig. 416
Fig. 417
Fig. 418
Fig. 419
Fig. 420
Fig. 421

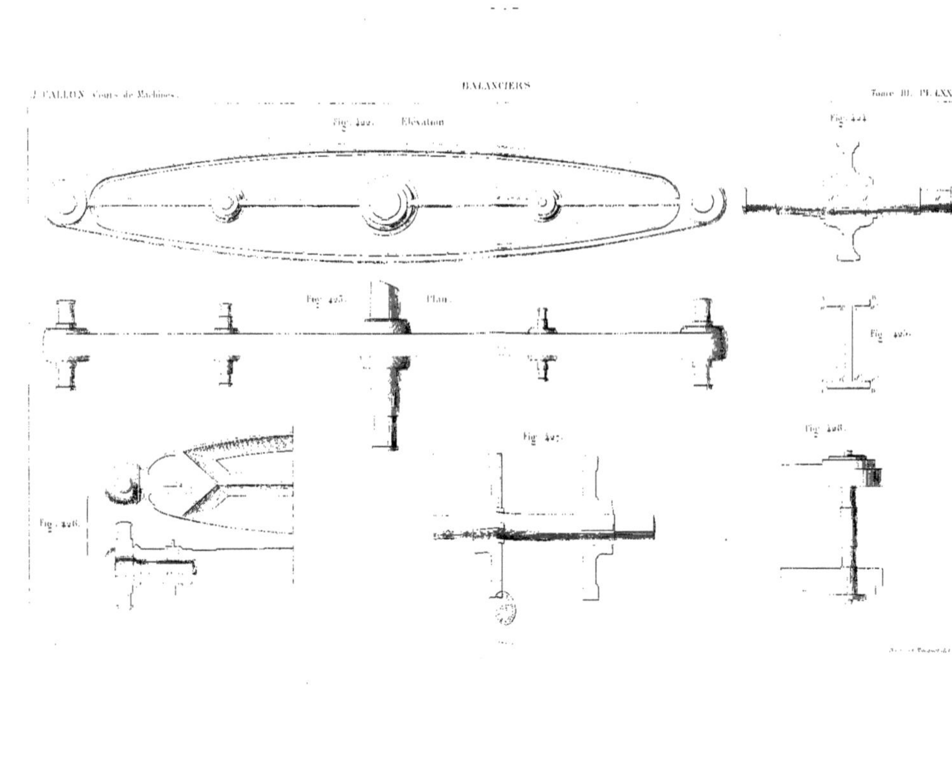
Fig. 422. Élévation
Fig. 424
Fig. 423. Plan.
Fig. 425.
Fig. 427.
Fig. 428.
Fig. 426.

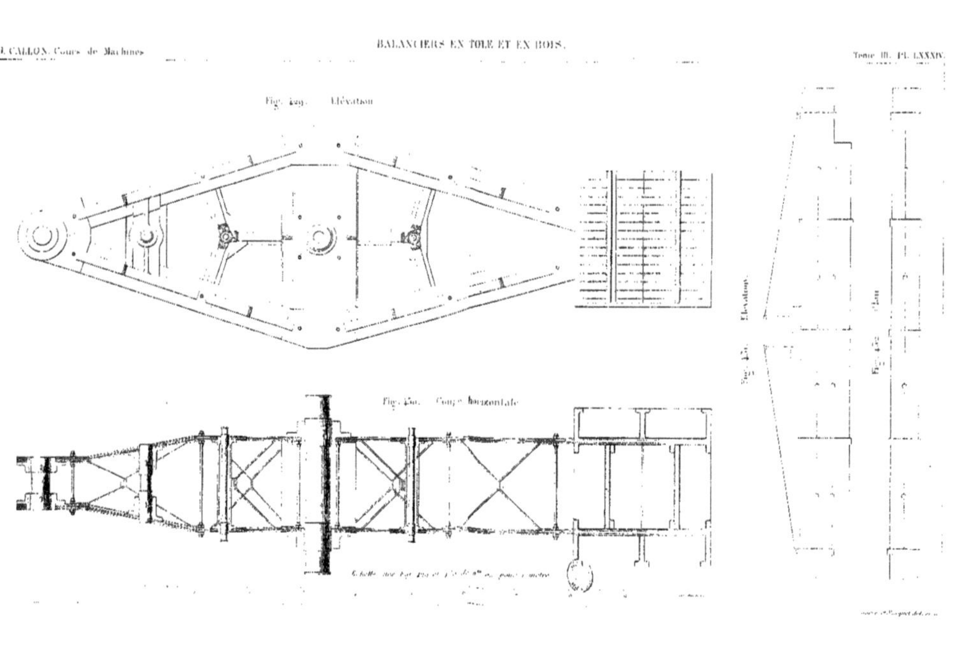
J. CALLON. Cours de Machines
BALANCIERS EN TÔLE ET EN BOIS.
Tome III. Pl. LXXXIV.
Élévation
Fig. 450. Coupe horizontale
Élévation
Plan

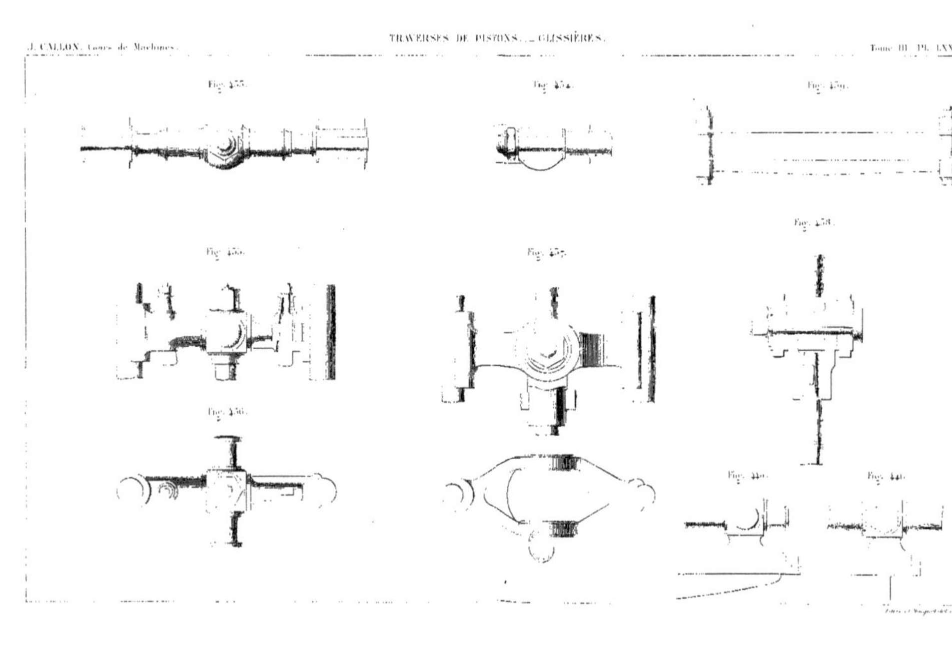
J. CALLON. Cours de Machines.
TRAVERSES DE PISTONS. _ GLISSIÈRES.
Tome III. Pl. LXXXV.
Fig. 433.
Fig. 434.
Fig. 439.
Fig. 438.
Fig. 435.
Fig. 437.
Fig. 436.
Fig. 440.
Fig. 441.

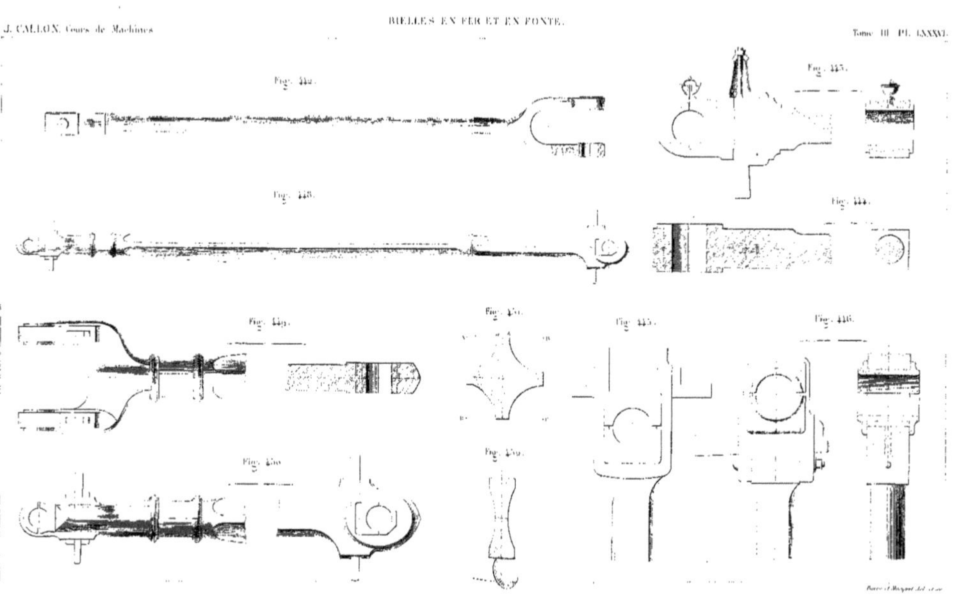
J. CALLON. Cours de Machines
BIELLES EN FER ET EN FONTE.
Tome III. Pl. LXXXVI.

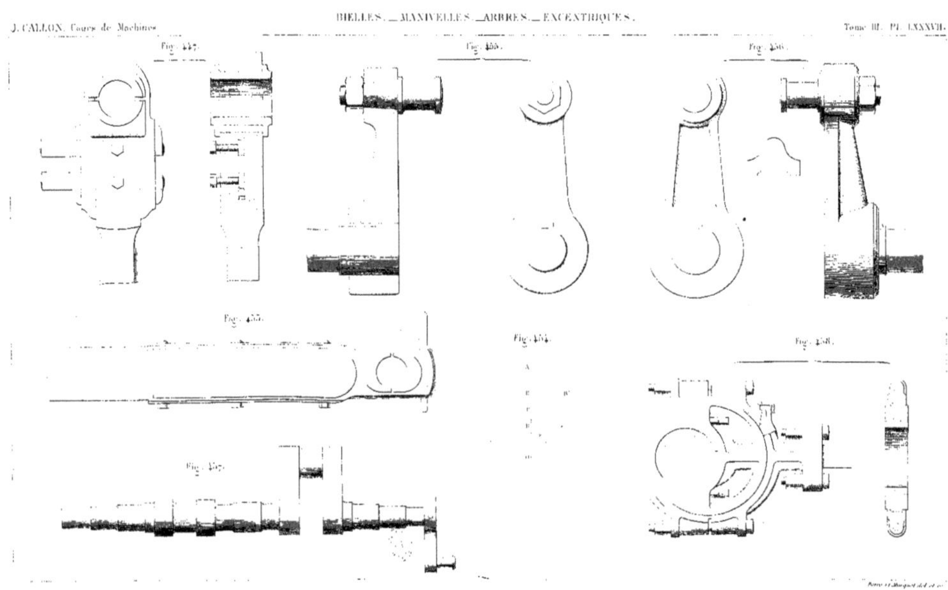
J. CALLON. Cours de Machines.
BIELLES. — MANIVELLES. — ARBRES. — EXCENTRIQUES.
Tome III. Pl. LXXXVII.
Fig. 447.
Fig. 453.
Fig. 456.
Fig. 455.
Fig. 454.
Fig. 458.
Fig. 457.

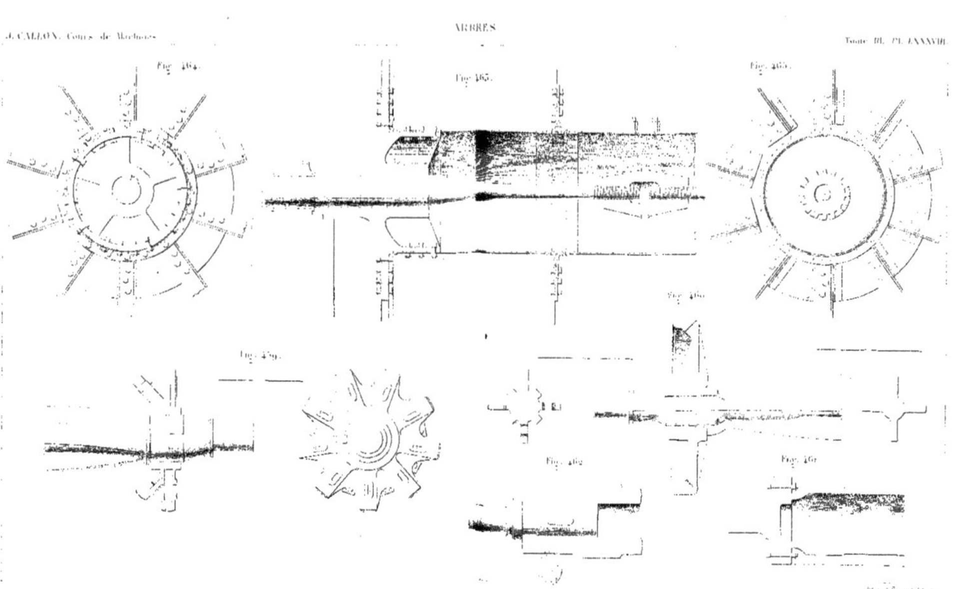
Fig. 464.
Fig. 465.
Fig. 466.

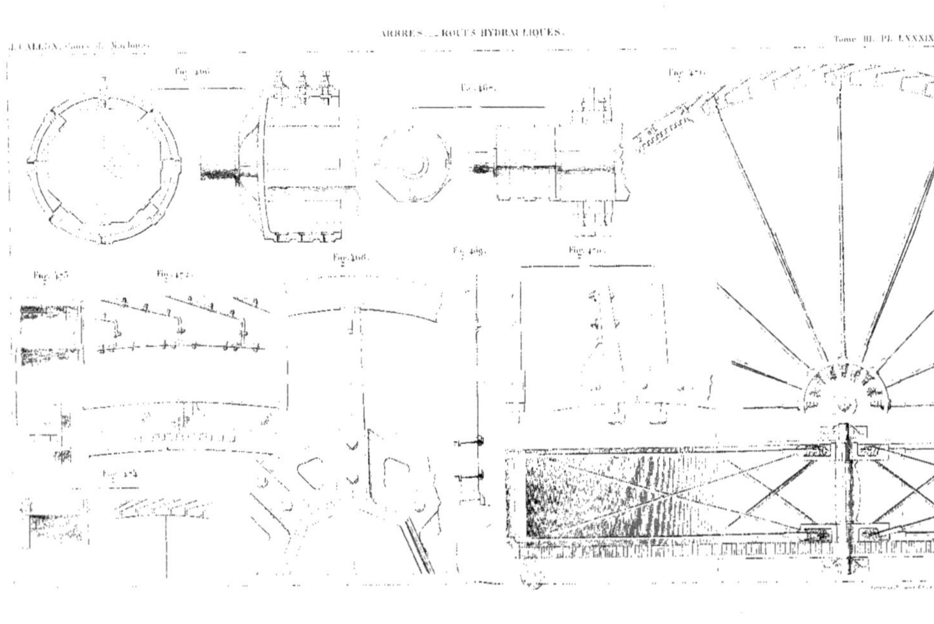
ROUES HYDRAULIQUES.
J. CALLON, Cours de Machines.
Tome III. Pl. LXXXIX.

L

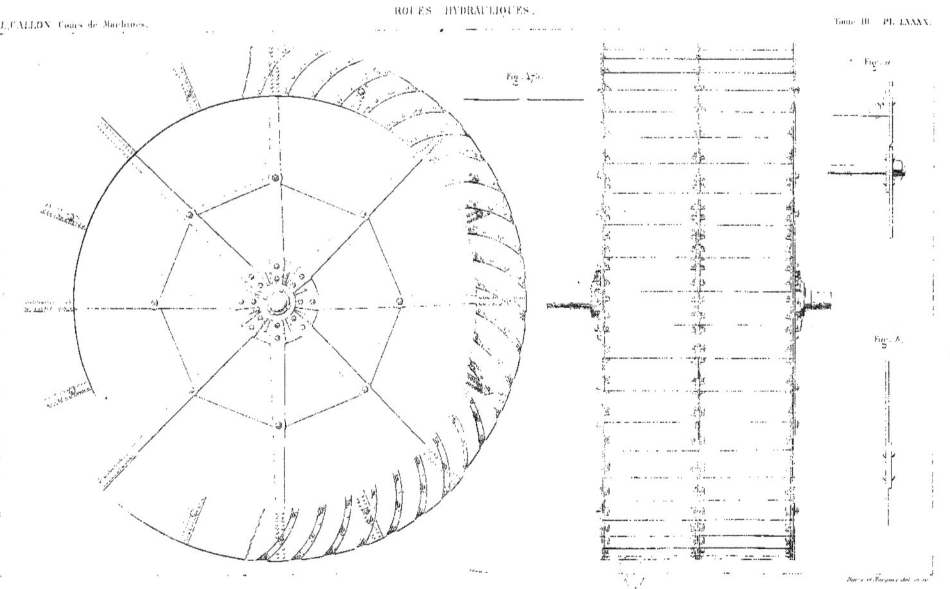

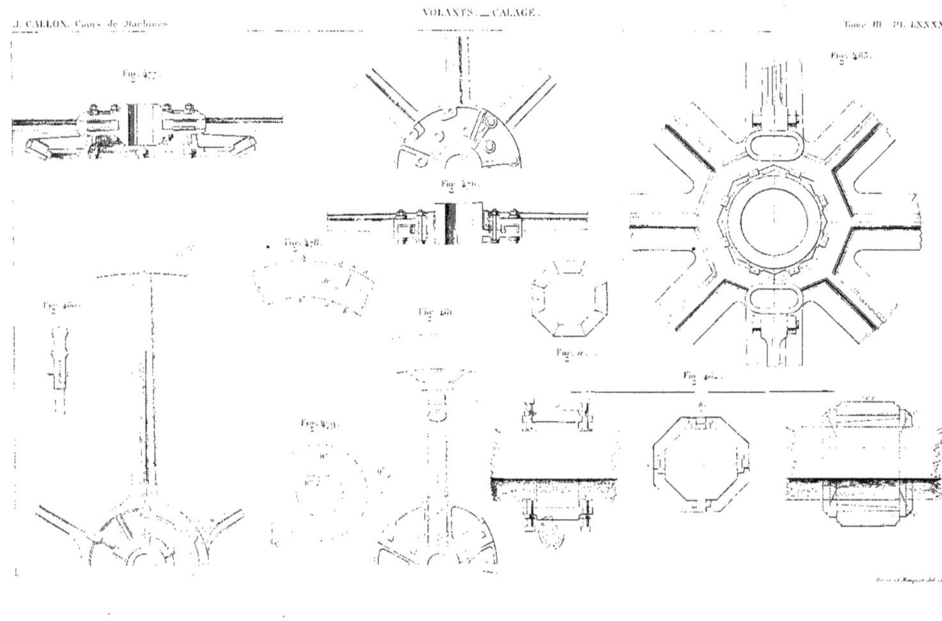
J. CALLON. Cours de Machines
VOLANTS. _ CALAGE.
Tome III. Pl. LXXXXI.

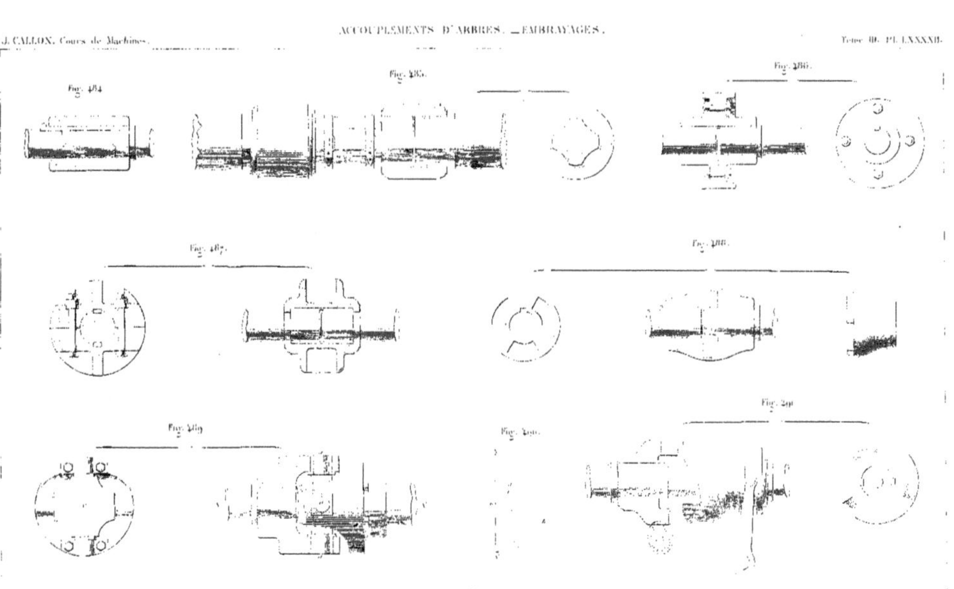
J. CALLON, Cours de Machines.
ACCOUPLEMENTS D'ARBRES. _ EMBRAYAGES.
Tome III. Pl. LXXXXII.
Fig. 484
Fig. 485.
Fig. 486.
Fig. 487.
Fig. 488.
Fig. 489.
Fig. 490.
Fig. 491.

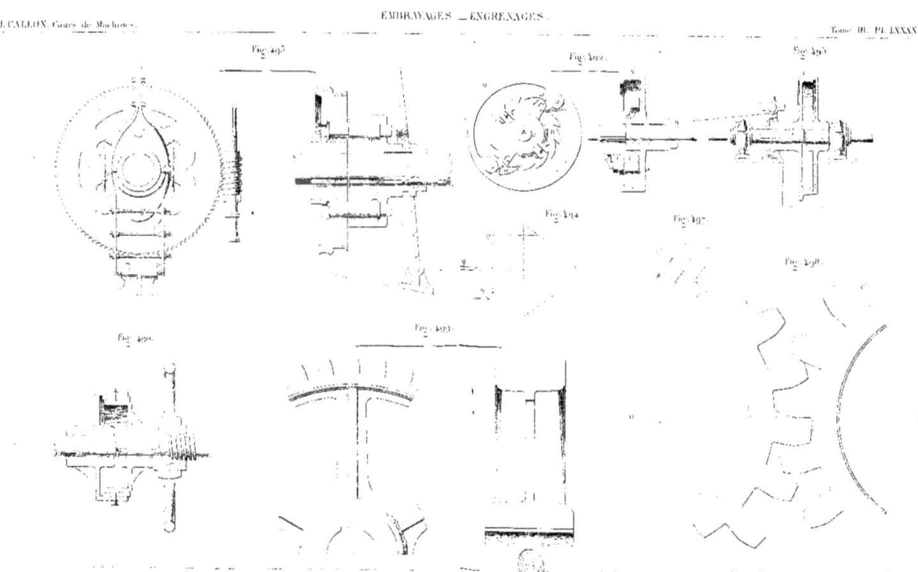
J. CALLON, Cours de Machines.
EMBRAYAGES _ ENGRENAGES.
Tome III. Pl. LXXXXIII
Fig. 493.
Fig. 492.
Fig. 495.
Fig. 494.
Fig. 497.
Fig. 498.
Fig. 490.
Fig. 491.

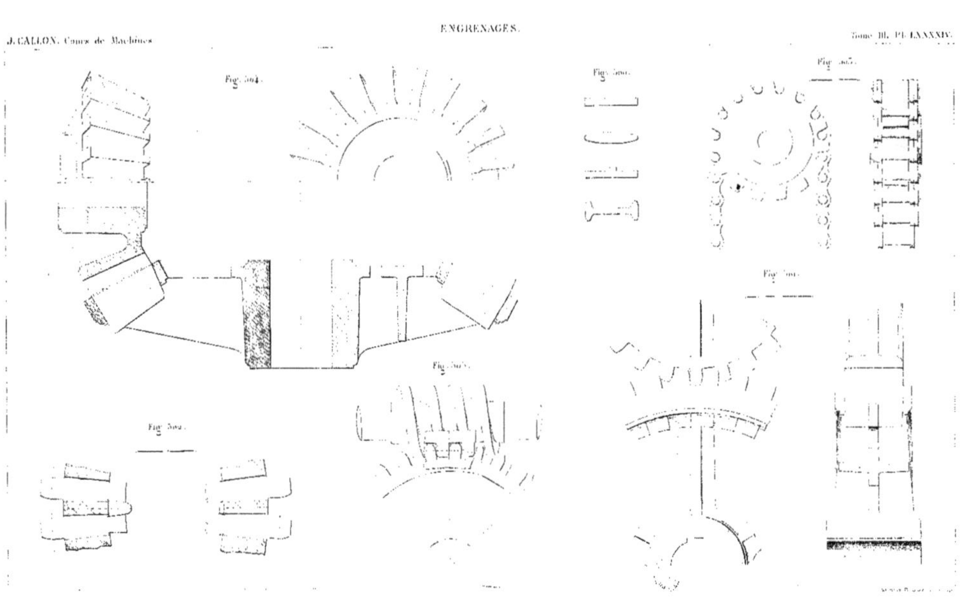
J. CALLON. Cours de Machines
ENGRENAGES.
Tome III. Pl. LXXXIV.

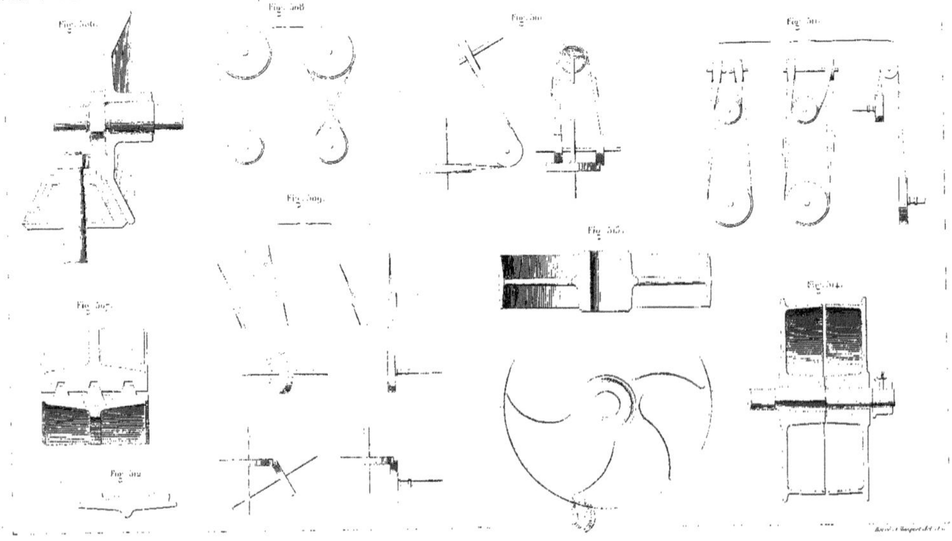

POULIES

Fig. 506.

Fig. 508.

Fig. 510.

Fig. 511.

Fig. 509.

Fig. 513.

Fig. 507.

Fig. 514.

Fig. 512.

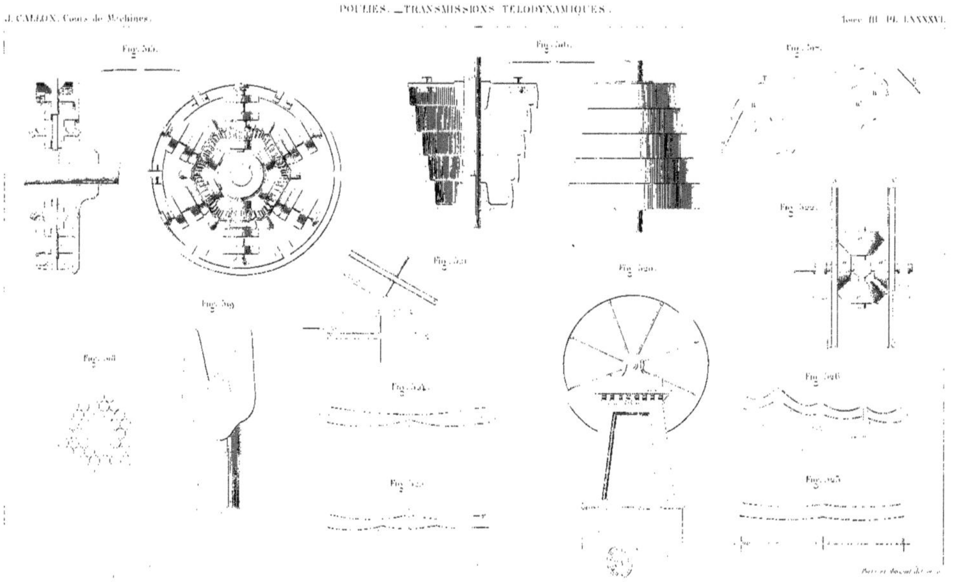
J. CALLON, Cours de Machines.
POULIES. _TRANSMISSIONS TÉLODYNAMIQUES.
Tome III. Pl. LXXXXVI.

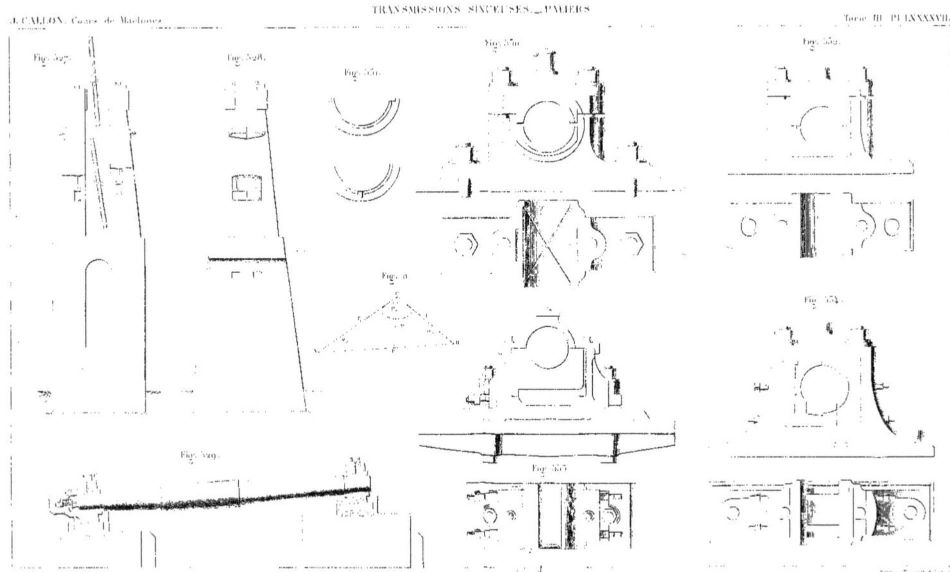
J. CALLON. Cours de Machines
TRANSMISSIONS SINUEUSES._PALIERS
Tome III. Pl. LXXXXVII.

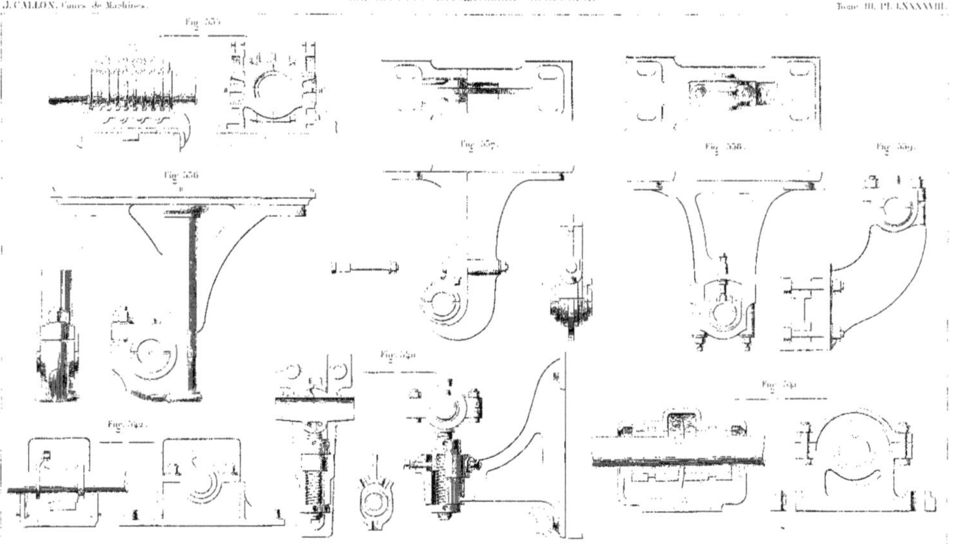
J. CALLON, Cours de Machines.
CHAISES-SUPPORTS._PALIERS GRAISSEURS
Tome III, Pl. LXXXVIII.

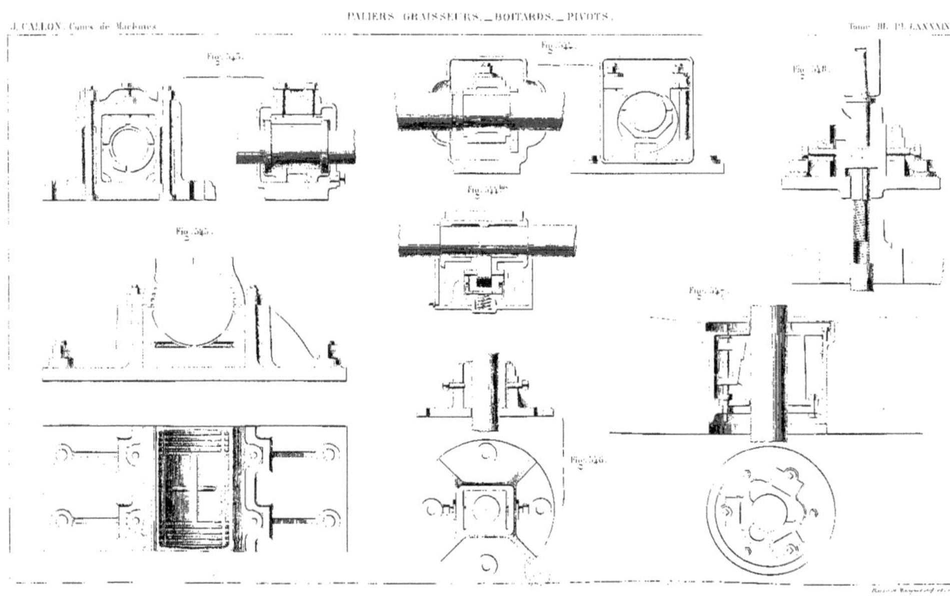
J. CALLON, Cours de Machines.
PALIERS GRAISSEURS. _ BOITARDS. _ PIVOTS.
Tome III. Pl. LXXXIX.
Fig. 543.
Fig. 544.
Fig. 544bis
Fig. 545.
Fig. 546.
Fig. 547.
Fig. 548.

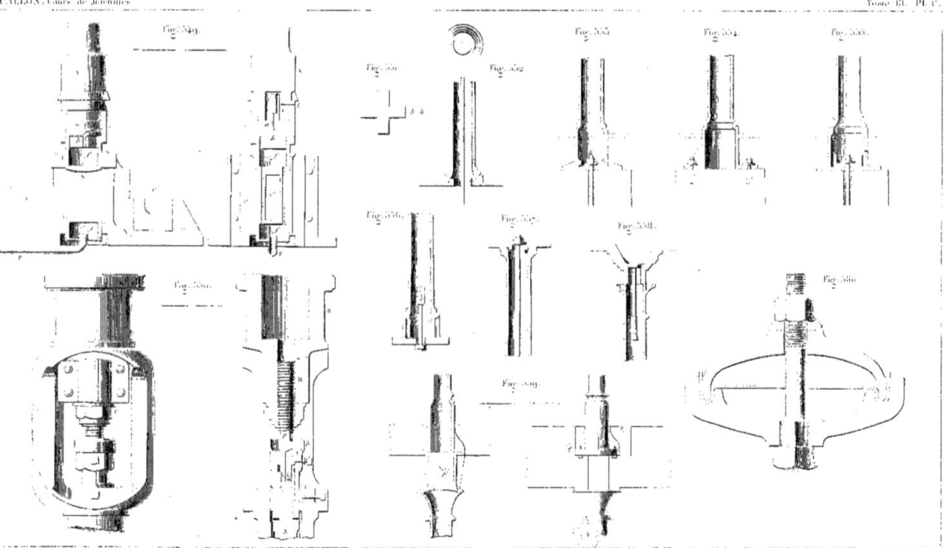
J. CALLON, Cours de Machines.
PIVOTS.__COLONNES EN FONTE.
Tome III. Pl. C.

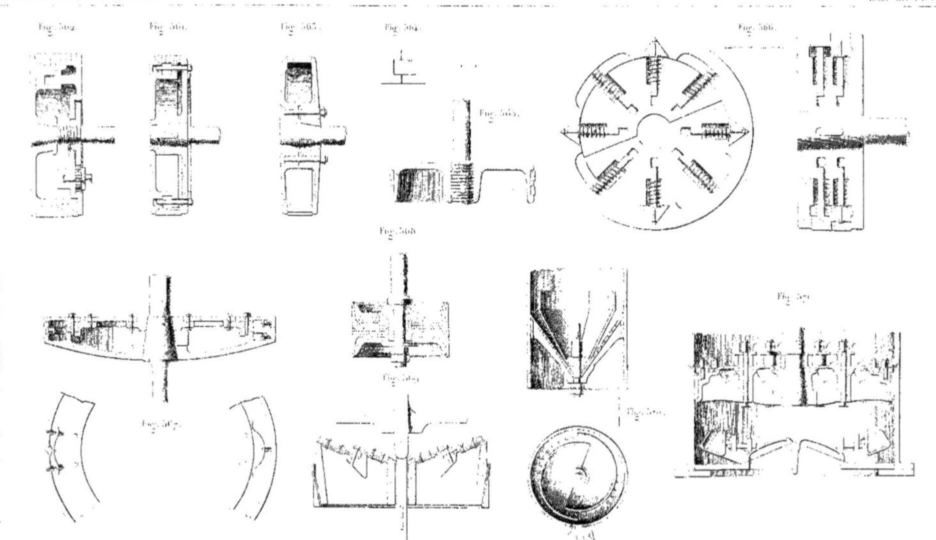
J. CALLON. Cours de Machines.
PISTONS.
Tome III. Pl. CI.

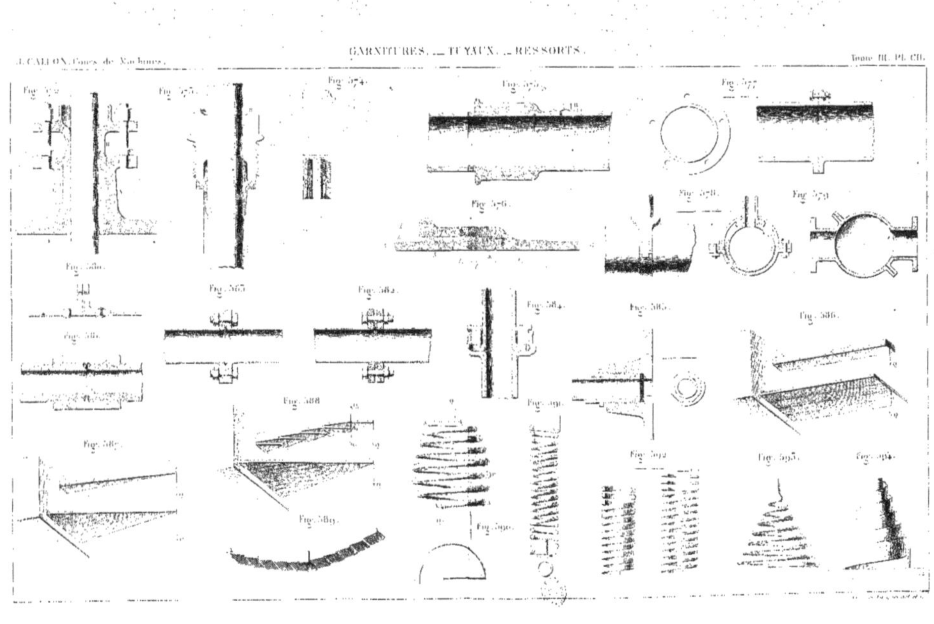
J. CALLON, Cours de Machines.
GARNITURES. _ TUYAUX. _ RESSORTS.
Tome III. Pl. CII.

www.ingramcontent.com/pod-product-compliance
Ingram Content Group UK Ltd.
Pitfield, Milton Keynes, MK11 3LW, UK
UKHW021601260726
13993UKWH00002B/976